大開眼界小百科

多元藝術大探索

新雅文化事業有限公司
www.sunya.com.hk

大開眼界小百科
多元藝術大探索

作者：朱麗亞‧卡蘭德拉‧博納烏拉（Giulia Calandra Buonaura）

插圖：亞哥斯提諾‧特萊尼（Agostino Traini）

翻譯：張 琳

責任編輯：趙慧雅

美術設計：何宙樺

出　　版：新雅文化事業有限公司

香港英皇道499號北角工業大廈18樓

電話：(852) 2138 7998

傳真：(852) 2597 4003

網址：http://www.sunya.com.hk

電郵：marketing@sunya.com.hk

發　　行：香港聯合書刊物流有限公司

香港新界大埔汀麗路36號中華商務印刷大廈3字樓

電話：(852) 2150 2100

傳真：(852) 2407 3062

電郵：info@suplogistics.com.hk

印　　刷：中華商務彩色印刷有限公司

香港新界大埔汀麗路36號

版　　次：二〇一七年七月初版

ISBN:978-962-08-6866-5

© 2009 Franco Cosimo Panini Editore S.p.A. – Modena - Italy

© 2017 for this book in Traditional Chinese language - Sun Ya Publications (HK) Ltd.

Published by arrangement with Atlantyca S.p.A.

Original Title: L'uomo, Che Artista!

Text by Giulia Calandra Buonaura

Original cover and internal illustrations by Agostino Traini

18/F, North Point Industrial Building, 499 King's Road, Hong Kong

Published and printed in Hong Kong.

嘿！你準備好跟我一起去旅行了嗎？

　　在這趟旅程中，我將帶你去認識各種多姿多彩的藝術！首先，我們會先踏上舞台，欣賞戲劇、音樂和舞蹈。然後，我們會一起探訪藝術家的工作室，揭開繪畫、雕塑和建築創作背後的神秘面紗。接着，我們將會飽覽各種文學藝術。在最後一站，我們將會參觀攝影和電影拍攝場地，了解當中的技術。

　　如果你覺得我的講解有些複雜，那就請你仔細看看插畫，你會發現一切都變得容易許多。為了幫助理解，我還把難懂的詞語變成了紅色：如果你遇到這樣的詞彙，而你不知道它的意思，就請翻到「詞彙解釋」這一頁上去尋找答案。

　　另外，在看完每一章後，我們都可以稍作休息，透過每章最後的創作活動提示，重溫旅程中的一些樂趣。

祝你旅途愉快！

目 錄

 # 戲劇

　　戲劇是人類最早的藝術之一，或許是因為它的表現方式最直接自然。你只需運用肢體和聲音，就能表達不同的情感，甚至演繹出一個故事。

　　早在原始部落時期，就有通過肢體活動來表演的節目，例如愛斯基摩人，他們會在極夜（一段很長的、只有黑夜的時間）舉行慶祝活動，其中包括說故事。表演時，會有一位敍述者在旁說故事，而演員就會把故事演繹出來。那時，戲劇與宗教信仰息息相關，所以演員很多都是祭司呢！

　　小朋友，你想了解更多關於戲劇的歷史和發展嗎？
快來翻到下一頁看看吧！

約二千五百年前，真正的戲劇在希臘的雅典誕生。「Theatre」一詞在希臘語中的意思是「表演」。在希臘，流行着兩種類型的戲劇：喜劇和悲劇。喜劇輕鬆、愉快，由打扮滑稽的演員表演，他們頭戴奇怪的面具、身穿彩色的衣衫，這便是最早的戲劇服飾。喜劇演員們住在四輪車上，這輛車不僅載着他們東奔西走，還被他們當作表演的舞台。當時的喜劇還經常拿政治和大人物們來調侃，以諷刺時弊。

不過，悲劇在當時卻更受人們喜愛，因為它是一種更嚴肅、需要花費更大功夫的戲劇類型。它的主題多取自神話或英雄傳說。悲劇通常要演出一整天，從黎明演到黃昏呢！

古希臘的戲劇表演場地，通常是在一座建於山上的半圓形露天劇場。它能充分利用山坡自然傾斜的優勢，觀眾席由下至上依山而建，讓坐在觀眾席上的人都能看得見表演者。

當時還沒有舞台布景，演員們全部戴上面具，而且他們都是男性，即使是女性角色都是由男性扮演的，因為當時的女性是不能夠表演。演出是以詩歌的形式呈現，並且有合唱團相伴。劇組成員通常在轉換場景的時候，會對劇情發表感想或評論。當時的戲劇還起到教育作用，因此孩子們也經常有機會去劇場看戲。

貓頭鷹告訴你

古希臘的面具是由木頭或帆布製成的，能遮蓋整個頭部，上面還有假髮。面具的嘴部位置形狀特製，能使演員的聲音更響亮。

在古羅馬，戲劇也很流行，並肩負起娛樂民眾的職責，因為羅馬人去劇場就是為了消遣。因此，戲劇經常和角鬥士（古羅馬競技場上的鬥士）的搏鬥、戰車賽和雜技表演，一起被納入紀念神祇的慶祝活動中。

喜劇和悲劇都會在大型的劇場裏上演，場面非常壯觀，舞台上會呈現真實的火災、兇猛的動物或鬥士比武的場景。後來，羅馬人設計了一項偉大的發明 —— 布幕，這方便工作人員更換場景。

在古羅馬的戲劇種類中，默劇也是非常重要的。默劇演員在舞台上表演時，通常靠肢體動作去表達，以及伴隨着舞蹈。

諷刺劇的演員

和現代的音樂劇演員一樣，當時的演員不僅要學習表演，還要練習唱歌和跳舞。音樂是古羅馬戲劇中一項重要的新元素。當演員在誦唱詩歌時，會有長笛伴奏。有時演員累壞了，無法唱出歌來，他只要裝出在唱歌的樣子，讓另一位藏在幕後的演員代唱！諷刺劇是古羅馬特有的戲劇種類，結合了典型的羅馬喜劇和諷刺元素（就是所謂「混合」）。它最早將舞蹈和音樂融入表演之中。後來，諷刺劇常被用來針砭時弊。

貓頭鷹告訴你

在中世紀時，出現了江湖藝人，並廣為流傳。江湖藝人繼承了默劇演員的衣缽，靠在街頭賣藝為生。他們身穿豔麗的服裝，頭戴掛了鈴鐺的帽子，穿街過巷，用歌聲和雜技來吸引人們。

在十七世紀的意大利，一些貴族修建了劇場，讓戲劇這門藝術重新流行起來。江湖藝人搖身一變，成為了即興劇的演員。

即興劇的劇本通常只有簡單的劇情架構，整齣戲全靠演員的即興表演。演員們的臉都被面具遮着，因此要用誇張的肢體語言和聲音的張力來完成表演。在即興劇中，第一次出現由女性飾演的角色。不過，即興劇中最耀眼的角色是「僕人」。「僕人」通常身穿彩色衣服，性格狡點聰明，在不同的劇本裏會有不同的名字，並經常逗人發笑，要演繹這個角色有一定的難度，需要很深的功力。

性情和悅
的僕人

醫生或博士

狡猾的
僕人

貪心的
老人

女性角色

在現代戲劇中，演員們有時會走下舞台，來到觀眾席。觀眾們在奇幻的故事情節的帶動下，鼓掌、歡笑，甚至參與表演當中。演員感受到觀眾的熱情，也就更加賣力演出，樂在其中。娛樂，就是戲劇的精髓！

當然，演員在演出前還有許多準備工作，例如：他們會在化妝間整理妝容和服飾，使自己更形似所扮演的角色，令觀眾更加投入其中。

貓頭鷹告訴你

一齣戲的上演，不僅要依靠演員，還要依靠幕後許多的工作人員，他們包括：服裝師、化妝師、佈景師、燈光師、音響師，當然還有導演。

除了由演員演出的戲劇外，還有些戲劇是利用手偶、提線木偶和木偶的影子來表演的。這類戲劇統稱為木偶戲。

木偶戲的其中一種方式是利用手偶來表演。這些手偶有着木質的頭和手，用一件小衣服將頭和手固定。演員像戴手套般，將手偶套在手上，通過自己的手部活動讓手偶動起來，像賦予它們生命一樣。

每一個手偶都以顏色和配飾來顯示自己的身分，例如公主總是穿着華麗的衣裙；醫生穿一件黑色的長袍；騎士身上總會佩劍；國王則頭戴皇冠。手偶戲會在一個用木建成的小亭子裏上演，這個小亭子被稱作手偶戲舞台。

提線木偶則是一種用木頭和布料製成的玩偶，由提線木偶戲演員，從高處用透明線操控。這些線固定在一個十字形的木架上，能支撐起木偶的頭、胸、手和腿。通過演員提線，讓木偶的身體活動起來。提線木偶上的線，也可以連接在木偶的衣服或者配飾上，這樣能製造出特殊效果：例如衣服在風中飄動，或者頭髮因為害怕而豎起來。

　　皮影戲是誕生於中國的一種古老戲劇。在皮影戲中，由獸皮或紙板做成的戲劇人物，會被身後的光源照亮，它們的剪影投射在一塊半透明的布幕上，製造出如動畫般效果，相當有趣的啊！

皮影戲

貓頭鷹告訴你

　　音樂劇是一種將音樂、歌曲以及舞蹈結合在一起的戲劇表演。

你喜歡戲劇嗎？來，試試創作屬於自己的戲劇吧！

1 首先，你要想一想故事大綱。它將會是一個冒險故事？愛情故事？還是王子故事？

2 你的故事發生在哪裏？在一座城堡裏？在家中？還是在一個花園裏？

3 誰是故事的主角？一個可怕的海盜？一個壞巫師？還是一個可愛的小公主？

4 然後，你可以開始動手製作戲服和道具了。例如：把舊衣服剪裁成武士袍，用紙板製成寶劍和盾牌。

5 舞台布景要怎麼辦？你可以用回收再造的物料，做出各式各樣的東西，再把它們塗上顏色，就成為漂亮的布景！

6 最後，跟朋友們各就各位，把你的故事演繹出來。記緊要把你的台詞背熟啊！

舞台 演員表演的地方。

舞台布景 在戲劇表演中，為了配合劇本及故事情節，利用不同的材料搭建，營造一個特定的環境樣貌。

布幕 一幅巨大的布簾，將舞台與劇場正廳隔開，使觀眾在過場和閉幕時，看不到工作人員準備或休息。

默劇演員 在台上不說話，只利用身體語言來表演的演員。

即興劇 事先沒有編排過的一種表演方式，靠演員臨場發揮想像力，自然流露地做動作和唸台詞。

劇本 戲劇演出的情節大綱。

 # 音樂

音樂是一種創作藝術，把能夠表達情感和使人興奮的聲音編排在一起。

音樂最早以聲樂的形式出現，由一個或多個歌手表演出來。音樂（music）這個詞源於「繆斯」（muse），希臘和羅馬神話中代表美麗與和諧的女神。

用手上拿着的任何物品敲打出節奏，是人類的一種天性。或許是因為當我們還在媽媽肚子裏的時候，最早能聽見的是帶有節奏感的聲音，那就是媽媽的心跳和呼吸。

小朋友，你想了解更多關於音樂的歷史和發展嗎？
快來翻到下一頁看看吧！

在古希臘，人們認為音樂與哲學、數學同等重要，因為它能滋養心靈。他們甚至相信音樂具有操控自然的能力：希臘神話中的歌者奧菲斯，用他醉人的歌聲和里拉（一種撥弦樂器）的琴聲，讓兇猛的野獸都為之着迷；而安菲翁則用齊特拉琴的琴聲讓巨石動起來，從而建成了偉大的底比斯城的城牆。

在中世紀，音樂迅速地普及起來，因為當時的人們認為，通過唱歌就能接近上帝。

上千年來，音樂一直被一代又一代的人們，以口耳相傳的方式傳播着，直到有人意識到必須要用一種方法將它記錄下來，這樣就能讓不同歌者用相同的方式來演唱歌曲。

安菲翁的琴聲

DO
RE
MI
FA
SO
LA
TI

於是，大約在公元1000年，圭多（一位意大利音樂理論家）發明了最早的樂譜書寫體系 —— 在由四條平行線構成的橫線上，加上若干記號。後來，四條平行線增加至五條，成為現代五線譜的藍本，而那些記號後來就變成了現在的音符。現代音樂中的音符（note）這個字，正是起源於這種最早的樂譜書寫方式（notation）。

貓頭鷹告訴你

在中世紀，有一類非常特別的音樂家，稱為遊吟詩人。他們是歌者，也擅長寫詩，他們往來於歐洲列國的宮廷間，能演唱動人心弦的情歌。

排笛　單簧管　橫笛　小號　鋼琴

色士風　木笛　圓號　搖鼓　三角鐵

透過愉悅的聲音，音樂能紓緩人們情緒。聲音可以從人的嗓子發出，也可以從樂器這種特殊器具製造出來。

一般而言，樂器分成三大類：第一類為管樂器，通過氣流在樂器內振動而發聲，例如笛子和小號；第二類為敲擊樂器，用手或特製的棍子敲打樂器表面，產生振動，從而發聲，例如搖鼓和三角鐵；第三類為弦樂器，弦樂器有三種發聲方式，第一種用琴弓擦過琴弦，琴弦振動而發出聲音，例如小提琴。第二種用琴錘擊打琴弦發出聲音，例如鋼琴。第三種用手指撥弦來發聲，例如結他。

如要彈奏樂器，就必須先學會辨認音符，也就是代表聲音的符號。這些音符有的是空心圓，有的是實心圓，也會和其他特殊的符號一起出現在五線譜上。例如：♪代表二分音符，♩代表四分音符，▬代表全休止符。

爵士鼓

大提琴

結他

豎琴

大鼓

小提琴

電子結他

雨滴的節奏

DO、RE、MI、FA、SO、LA、TI是7個唱名，將不同的音調組合在一起就形成了旋律，也就是一連串悅耳動聽的聲音。能製造出同樣效果的還有和弦，和弦就是同時彈奏的幾個音。在音樂中，節奏也是很重要的。節奏是有規律的、重複出現的音樂律動，例如：快的節拍和慢的節拍。自然界也有節奏：雨滴敲打屋簷、瀑布傾瀉而下、鳥兒啼叫，這些都是有節奏的聲音！

貓頭鷹告訴你

人們發現聽音樂能促進身心健康，有助紓緩緊張的精神狀態，甚至能治療某些疾病呢！

聲樂是用人聲演唱的音樂形式，把人聲當做一種樂器。

我們從肺部呼出一口氣，聲帶在這股氣流的推動下振動，所發出的聲音就是人聲。

所有人都會唱歌，相信你也經常唱歌吧。但是，只有少數的人能連續不斷地唱，一些非專業的歌手，只要唱幾分鐘的歌，就會開始覺得喉嚨痛，嗓子也會變得沙啞。這是因為他們出於本能地用說話的方式來唱歌，這會使聲帶過分受壓。如果要連續高歌幾小時，必須花很多時間來學習和練練正確的運聲和呼吸技巧。

每個人的嗓子和唱歌的方式都不同的，而且通常女性的聲音高而尖，男性的聲音低而厚。

聲樂課

音樂家也有很多類型，例如：作曲家是創作音樂的；指揮家則要協調好整隊合唱團或管弦樂團，帶領每位隊員演奏。

唱片騎師是在的士高工作的人，他們在現場以混音或其他方式，對別人的歌曲進行改編，使之更個性化，並且更適合跳舞，讓到場的人沉醉於勁歌熱舞之中，給他們提供娛樂。

貓頭鷹告訴你

有些動物也因它們的歌喉而聞名，例如夜鶯就有一副悅耳動聽的歌喉，還有具節奏感的蟬鳴。

音樂有很多不同的類型，根據樂器、聽眾和演出場所（如劇院、的士高或者教堂）的不同，音樂的類型也會不同。

歌劇是一種非常有趣的音樂類型，它集合了三類藝術：音樂、聲樂和表演。歌劇在劇院上演，需要舞台布景和特別的演出服飾。寫有歌劇對白和唱詞的本子叫做歌劇劇本。歌劇的主題繁多，最常見的就是愛情主題。在歌劇演出中，會有一組樂隊為歌唱家們伴奏。

最著名的意大利歌劇演唱家非盧奇亞諾·巴伐洛堤莫屬。你聽過他的演唱嗎？

搖滾樂隊

路易斯．岩士唐

其他音樂類型還有以巴哈、莫札特、貝多芬的樂曲為代表的古典音樂；在美國的新奧爾良誕生的爵士樂，這種基於即興創作的音樂類型，讓小號手路易斯．岩士唐名聲大噪。二十世紀，一些重要的發明（例如：混音器），能混合不同的樂器（例如鋼琴和爵士鼓），推動了搖滾音樂和流行音樂的發展，並大獲成功。

貓頭鷹告訴你

每個民族都有代代相傳、特色鮮明的音樂和歌曲。例如意大利的傳統舞曲，塔朗泰拉舞曲（Tarantella）和皮思卡（Pizzica）舞曲。

你喜歡音樂嗎？來，試試創作屬於自己的音樂吧！

1 首先，把玻璃杯裝入不同分量的水，用各種方法讓它們產生振動，你會聽到它們發出不同的聲音呢！

2 拿幾個鍋蓋，用它們互相敲打，你會成為出色的敲擊樂手！

3 用木勺敲打不同的鍋，它們發出的聲音有不同嗎？

④ 將紅豆、粟米或綠豆倒入不同材質的罐子裏，這些罐子就成了好玩的樂器！

⑤ 用吸管往水裏吹氣，聽聽水泡發出的聲音。大力吹和輕力吹，聲音會有分別嗎？

⑥ 集合以上的自製樂器，你會發現，敲打鍋子、搖動罐子，用口吹泡泡發出來的聲音都會有所不同。現在就跟朋友們來個大合奏！但注意不要太吵啊！

詞彙解釋

里拉 古希臘時期的一種弦樂器。它的兩臂由一條橫木連接，琴弦垂直置於雙臂之間。

齊特拉琴 木質的弦樂器，是古希臘和古羅馬較常見的樂器。

振動 在空氣中傳播的聲波，聲音的振動如同往水裏扔一塊石子所泛起的水波一樣。

琴錘 擊打在鋼琴的琴弦上，使它發出聲音的小錘子。類似的小錘子也出現在打字機上，透過敲打，小錘子能在紙上印出字母。

聲帶 聲帶是一組肌肉羣，當氣流從這裏經過時，使其顫動，從而發出聲音。

樂隊 由演奏家組成的隊伍，各自以自己熟悉的樂器奏出音樂。

舞蹈

　　跟戲劇和音樂一樣，舞蹈也是人類最早的藝術表現形式之一，因為它所需要的道具就是身體。

　　舞蹈起源於很久很久以前的原始部落，在人們學會說話前，就已經懂得在簡單的樂器伴奏下跳舞了。隨着時代轉變，舞蹈被賦予了不同的意義。例如：有些民族用跳舞來祈福；有些民族則在節日和慶典時，以跳舞表達喜悅和歡愉。

　　在古代印度和埃及，舞蹈則是一種模擬星宿的運動。長久以來，舞蹈一直被當作能傳遞和激發情感的一門藝術。

　　小朋友，你想了解更多關於舞蹈的歷史和發展嗎？快來翻到下一頁看看吧！

起初，舞蹈是與戲劇聯繫在一起的。例如在古希臘的悲劇與喜劇中，合唱團總是載歌載舞。

舞蹈最先出現在中世紀的民間節日中，並且迅速地在各個宮廷和城堡裏風靡起來。當時的舞蹈演員跟隨着音樂，完成一系列的跳躍、翻騰和旋轉的動作。但是，貴族們並不欣賞這種類型的舞蹈，認為它不夠優雅；然而他們又不願意拋棄舞蹈，於是提議創作新的、動作更完整的舞蹈模式。

不同的舞蹈在貴族社會中流傳了很多年，直到十六世紀，舞蹈開始有了固定的舞步，而宮廷裏也開始興起聘用舞蹈教師。

舞蹈教師

　　在舞蹈教師們的努力下，一直只被用在節慶時娛樂賓客的舞蹈，正式成為了一種獨立的藝術。與此同時，芭蕾舞誕生了。表演芭蕾舞的都是專業的舞蹈員，他們經過反覆練習舞步和肢體動作，並結合音樂，為觀眾「講述」故事。在十七世紀，舞蹈終於奠定了藝術價值，而到了十九世紀，許多芭蕾舞作品都登上了世界知名劇院的舞台，例如巴黎歌劇院和米蘭的斯卡拉大劇院。

貓頭鷹告訴你

　　十八世紀的男舞蹈員，在跳舞時會戴着面具和誇張的假髮，而且會穿着高跟鞋；而女舞蹈員則會穿着緊得讓人透不過氣的束胸衣，配以又長又寬的大傘裙。

　　舞蹈就是動作的藝術，透過舞者的身體來表達情緒、傳遞信息。跳舞時，當你精確地完成編舞家預設的每個指定動作，這就意味着你完成了編舞家所創作的編舞。

　　與音樂一樣，舞蹈也有很多類型。例如芭蕾舞。它具有獨特的姿勢和舞步，於十七世紀在法國宮廷形成。在芭蕾舞中，身體的基本動作是非常重要，以腳部的動作為例，第一位置（First position）是指腳跟貼着腳跟，腳尖分別指向兩邊，從正面能看到腿部的內側。這一點兒都不簡單！

　　除此之外，舞蹈員的上半身和脖子要保持挺直，雙臂必須構成一個環形。這樣的姿態，只有經過多年的訓練才能獲得，它能使身體在舞動中保持平衡。

在進行排練的舞蹈教室內，都鋪設有木地板，裝有一面很大的全身鏡子，讓舞蹈員能隨時檢閱自己的動作。此外，還設有一條扶把，舞蹈員為了加強肌肉力量、提高平衡能力，要運用扶把完成熱身練習。

在芭蕾舞表演中，所有女孩都會穿上一條芭蕾舞短紗裙（Tutu）和一雙足尖鞋。

貓頭鷹告訴你

最著名的古典芭蕾舞劇有：《天鵝湖》、《睡美人》和《胡桃夾子》。這些芭蕾舞劇你有聽說過嗎？

十九世紀末，一種新的舞蹈類型開始風靡起來 —— 現代舞或稱為「新」舞蹈。這種舞蹈所採用的技巧與芭蕾舞不同。

現代舞摒棄不自然的肢體動作，以及固定的腳部和手部姿勢。它崇尚自然的、能夠更好地展現舞者個性的動作。舞蹈員不再只是正面面對觀眾（像芭蕾舞那樣），他們可以佔據舞台的任何一個位置，甚至還能躺着跳舞呢！

除此之外，現代舞不必與音樂的節奏完全合拍，有時甚至不需要音樂。現代舞的舞衣，跟芭蕾舞衣不同，並沒有固定的款式。為了讓編舞別具一格，現代舞有時還會從印度、埃及，甚至整個亞洲的民族舞蹈中汲取靈感。

查爾斯頓舞

1850年後，大部分流行的舞蹈都來自美國或者拉丁美洲，例如探戈。一個世紀後，查爾斯頓舞開始流行起來，這種舞要一邊跳，一邊做出各種扭動肢體的動作。這種搖擺舞在短時間內獲得了極大的成功。音樂一奏起，所有人都精神亢奮地搖擺起來，而他們的目的只有一個：玩得盡興！

貓頭鷹告訴你

一百多年前，人們就有在周六晚上去跳舞的習慣。當時流傳最廣的舞蹈是華爾滋，一種著名的雙人舞。

當代舞誕生於二十世紀，力求通過身體、手臂、手和腿的動作，精確地傳遞情感和情緒，如對愛的渴求、驚恐、歡喜等。

霹靂舞是一種很有趣的舞蹈，這種如雜技般的舞蹈，是由非洲裔的美國青年在紐約街頭的慶祝活動中發明的。不同團隊的年輕人聚集在紐約街頭，在一場場「舞戰」中互相比拼，他們從武術、卡波耶拉（巴西戰舞）、藝術體操中擷取精彩的舞蹈動作。誰能做出最複雜、最特別的動作，誰就是比拼的勝利者。

音樂是這種舞蹈的關鍵元素。人們會將不同的音樂片段交替播放，以此讓音樂的速度和節奏不停地變化，讓舞者隨着變化多端的音樂跳舞。

從這種音樂衍生出一句著名的句子：「Break the beat」（打破節奏）。這類舞蹈的動作包括跳躍和快速地在地上旋轉，好像風車葉在打轉一樣。做這個動作時，協調性非常重要。舞者還會比拼誰的衣服更特別、更新穎。通常他們會穿上彩色的上衣、牛仔褲，頭戴鴨舌帽或耳機，腳穿運動鞋。不過，好看與否並不是街舞服飾的唯一標準，它還必須要實用，能讓舞者毫無負擔地完成所有動作。

貓頭鷹告訴你

意大利語中的「danza」，就像法語中的「danse」、英語中的「dance」，都源於梵語中「歡樂」的意思。

你喜歡舞蹈嗎？來，盡情跳一段屬於自己的舞蹈吧！

1 首先，你要選擇自己最喜歡的音樂。

2 邊聽音樂，邊思考可以做哪些動作。

3 給你的朋友們打電話，相約大家一起跳舞才有意思！

④ 選擇能讓你活動自由、舒適的衣服。穿鬆身褲和運動鞋就最好不過了。

⑤ 開始跳舞前,記緊要做熱身運動,伸展筋骨。

⑥ 好!現在請大家各就各位,跳出自己編的舞蹈。盡情跳吧!

翻騰 　在體操或舞蹈中，一個高難度的旋轉動作。

編舞 　將各種舞蹈動作，結合音樂編排一起，表達不同的意念，甚至可以編成一套劇目。

節奏 　一組有規律、連續的聲音和動作。

探戈 　來自阿根廷的一種雙人舞蹈。舞步優雅，節奏感強烈。男女相擁而舞，由男士帶領，女士跟隨。

卡波耶拉 　又稱巴西戰舞，是一種非常特別的舞蹈，看起來像是在打架。這種舞蹈起源於非洲，如今流傳甚廣，受到很多年輕人的喜愛。

協調性 　肢體的各部分同時做出不同的動作而不會出錯，需要高度的專注力才能做到。

繪畫

史前的人類已懂得用顏色和形狀去表達情感。最古老的繪畫，是那些被畫在洞穴岩壁上的狩獵場景，如在法國的拉斯科洞窟裏發現的，繪製於三萬五千多年前的壁畫。在壁畫裏找到約五百種動物，其中包括猛獁象，一種體型龐大的長毛大象，如今已絕種了。

在法國佩赫梅爾勒洞穴中，發現了人類的手印，是用手蘸上顏色，按在岩壁上留下的。真是不可思議呢！這些顏色是從煤炭和各種不同的泥土中提取的，將它們磨碎，就能得到可以用水來調和的顏料。

小朋友，你想了解更多關於繪畫的歷史和發展嗎？快來翻到下一頁看看吧！

　　在古埃及時期，繪畫已經相當普及了。埃及人在表現人物形象時，會從不同角度，將身體的每個部分描繪出來。因此，他們的畫作從來都不寫實，而是呈現出奇怪的「正面律」效果，例如：人物的肩膀和上半身是正面的，腿和腳卻是側面；臉部是側面，眼睛卻被畫成從正面看到的樣子。此外，在古埃及的繪畫作品中，最重要的人物總是比其他人高大。

　　最著名的一幅古埃及繪畫作品，是在內巴蒙的墳墓裏找到的。內巴蒙是一位生活在三千五百多年前的書記官。那幅描繪狩獵場景的壁畫，是內巴蒙墳墓的裝飾，精美絕倫，如今仍被視作古埃及藝術的典範之一。此外，還有一些作品是為慶祝法老王在戰爭中獲勝而繪畫的。法老王是古埃及的皇帝，在畫作中，他們通常手持權杖、頭戴眼鏡蛇形狀的頭飾。

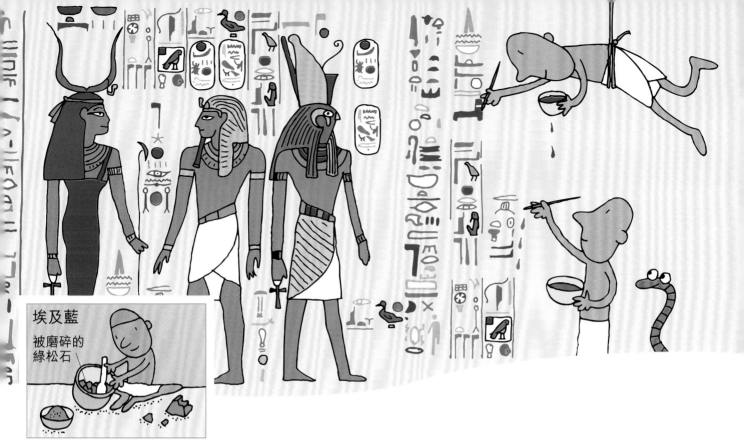

埃及藍
被磨碎的綠松石

在古埃及繪畫中，每個顏色都有其象徵意義，例如：白色代表陽光。而有些顏色則第一次出現在繪畫中，藍色就是其中一種。這種被稱作埃及藍的顏色，是由研磨成粉狀的綠松石製成。經過多個世紀以後，這種顏料才在意大利普及起來。十三世紀末，佛羅倫斯畫家喬托，第一次在他的作品中用到埃及藍。

貓頭鷹告訴你

宙克西斯和帕拉西烏斯這兩位畫家，為了確定誰才是最擅長描摹現實，進行了一場比賽。宙克西斯所畫的葡萄，逼真程度足以令鳥兒紛紛飛來啄食；而當帕拉西烏斯展示自己作品的時候，前來觀戰的人們請他把遮蓋畫作的簾幕揭開，怎料這簾幕正是畫作本身，幾可亂真！

現在，就讓我們了解一下繪畫是什麼。繪畫就是在一個平面，如紙張、帆布或者一面牆上描畫出物體的形狀，並塗上顏色的藝術。

完成這項創作的藝術家就是畫家。由於繪畫是一門較容易實行的藝術，因此在不同的文化中被賦予不同的功能：有時它被認為是具有魔力的法寶，有時會用作慶祝勝利的紀念品，有時則用作裝飾宮殿和教堂。你見過由喬托繪製，位於亞西西的聖方濟各聖殿（巴西利卡）內那些美輪美奐的壁畫嗎？

繪畫的功能隨着時代一直在轉變。它曾擔負起敘事的職責。為此，畫家們不斷改良「透視畫法」，這是一種能創造立體感和深度，將人物活現出來的技法。

正在繪畫壁畫的喬托

卡拉瓦喬

拉斐爾的自畫像

著名畫家拉斐爾就是一位將透視畫法運用得爐火純青的大師。畫家們還要對光線和陰影進行研究，光影能製造出畫中人或物的立體感覺，突出主角的動作和姿態。這些特點在著名的寫實主義畫家，卡拉瓦喬的繪畫作品中尤為明顯。你有沒有見過他畫的《聖馬太蒙召》這幅作品呢？

然而，在現代藝術中，有些畫家不再畫他們看到的東西，而是將自己對現實的獨特見解透過畫筆表達，由此產生了一種與現實再無聯繫的藝術風格 —— 抽象藝術。

貓頭鷹告訴你

關於繪畫的論文也有不少，其中一篇是由李安納度・達文西寫的，他在論文中闡述了一些關於如何調色和如何描繪風景的建議。

繪畫有很多不同的方法，從使用的工具到繪製作品的地方都有所不同。人類很早就將洞穴、房子和神廟的牆壁當作繪畫的「畫布」。

到了中世紀，畫家們開始使用木板來作畫；後來，帆布這種比木頭更輕便、更易操作的材料被廣泛應用。

最著名的繪製壁畫方法就是濕壁畫：一種將顏料塗在剛抹好的濕灰泥牆壁上所作的畫。顏料滲進牆壁裏，當灰泥層乾透後，色彩就會歷久不衰！

在木板或帆布上作畫，通常是用蛋彩或油彩，而在紙上作畫，則用粉彩或水彩。有時，甚至可以在一幅作品中使用混合技法，例如：繪畫加上拼貼，一種用碎紙拼接成圖案的藝術。

濕壁畫

在木板上作畫

在帆布上作畫

拼貼畫

靜物畫

　　繪畫的主題也是多種多樣的，包括：宗教主題、風景畫、靜物畫等。靜物畫的主角通常是水果、花和樂器，還有描畫得維肖維妙的人物肖像呢！

貓頭鷹告訴你

　　你知道哪些工具可以用來作畫嗎？最常見的當然是畫筆，不過抹刀、噴霧器和其它一些工具，也經常被充滿想像力的畫家們拿來作畫。

膠水

每一位畫家都有自己的繪畫風格，不過有時可以將幾位畫家歸入同一種藝術流派下。現代藝術中最著名的三個藝術派別分別是印象主義、表現主義和立體主義。

印象派畫家通常在野外畫畫，他們使用的繪畫技巧，筆觸不經修飾，構圖寬廣，讓他們往往能在幾小時內完成一幅畫作。他們想要在畫布上呈現出景物在一天不同的時段裏，帶給他們的不同感覺，尤其着重光線的轉變。寫生這種繪畫方式，讓藝術家走出封閉的工作室。於是，產生了一種明暗對比強烈、色彩鮮明的繪畫風格；法國畫家克勞德·莫奈是這一流派中的代表人物。

正在寫生的莫奈

畢卡索的
自畫像

　　表現主義畫家則喜歡用強烈的色彩來表現自己的情感和天性。文森‧梵谷是表現主義畫派的先鋒畫家之一。你應該聽說過他的名作《星夜》吧？而在立體主義作品中，畫家從不同角度描繪畫作主體，將主體切分成抽象的形狀。例如西班牙畫家巴勃羅‧畢卡索繪畫的自畫像，他可是立體主義畫派中最傑出的代表。

貓頭鷹告訴你

　　二十世紀中葉，一位名叫安迪‧華荷的畫家創造了一種新的藝術形式，這種藝術形式並非來自藝術家的想像力，而是將電視上經常看到的知名人物的照片進行複製。你見過他的作品《瑪麗蓮‧夢露》嗎？

你喜歡繪畫嗎？來，試試創作自己的作品吧！

① 首先，你要想想畫的主題。它是一幅郊外寫生？風景畫？故事插圖？還是人物肖像？

② 然後，選擇要用的顏色：塑膠彩？水彩？還是木顏色？

③ 先用鉛筆勾畫出輪廓，這樣就算畫錯，也可以擦掉。

④ 在構圖方面，先畫出主體（人物、動物或風景建築），想好哪些東西要放在前景，哪些要放在背景。

⑤ 畫完主圖後，你可以加上一些細節作點綴，例如：畫一些小花朵、樹葉、小鳥等。

⑥ 最後，給你的作品上色，這樣便完成了。你還可以把它掛在你房間的牆上呢！

詞彙解釋

顏料　用來製造顏色的一種粉末狀物質。這種物質能在自然界中的岩石、礦石、植物和動物中提取。

巴西利卡　古羅馬的一種公共建築。從公元四世紀起，巴西利卡成為基督教舉行禮拜的場所，後來的教堂建築也是源於巴西利卡式的設計。

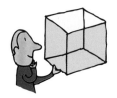

立體　通過陰影和光線的運用，在視覺上營造物體的立體感，令描繪的對象栩栩如生。

蛋彩　將顏料和雞蛋、蠟、牛奶和膠水混合起來所製造出的顏色。

油彩　由顏料和乾性油混合而成的顏色。

藝術流派　在風格、繪畫物件和主題方面，趣味相近的藝術家所形成的藝術派別。

雕塑和建築

最早的雕塑要追溯到舊石器時代。原始人雕刻出來的小型人像，通常都帶有女性特徵，寓意着多子多孫。

原始人使用簡單的工具，例如：尖銳的石頭或獸骨，在石頭、象牙、獸角、木頭等材料上進行雕琢。

對石頭進行加工，是人類最早的雕刻活動。燧石可以被敲碎和加工，因此人們會將燧石的邊緣磨得與剃刀一樣尖銳，作為雕刻的工具。

小朋友，你想了解更多關於雕塑、建築的歷史和發展嗎？快來翻到下一頁看看吧！

在古埃及藝術中，雕塑被用來讚頌神靈、慶祝戰勝的將令凱旋歸來，人們甚至相信被雕刻成雕像的人能長生不老。古埃及許多雕塑都是用玄武岩雕刻而成的。在古希臘，最初的人物雕像只有簡單的身體部位和粗略的肌肉線條。後來，藝術家們通過研究人類身體，創造出比例完美、無懈可擊的雕塑作品。古希臘雕塑家，波留克列特斯發現，如要雕刻出完美的人像，頭長度必須是身高的八分之一！可是，通過這種方式，藝術家臨摹的不再是真實的個體，而只是美麗與完美的化身。這位雕塑元老最著名的作品是《持矛者》，於公元前450年至445年之間完成，生動地刻畫出一位手握長矛的年輕運動員。

　　十五世紀初，在意大利興起了文藝復興運動。在這一藝術時期內，雕塑有了舉足輕重的地位。

最初的古希臘雕塑

波留克列特斯的《持矛者》

《聖殤》
藝術家的簽名

當時，在意大利許多城市，人們委託知名雕塑家製作雕像，用來美化建築空間。很多大師級雕塑家如多那太羅等，受託設計出獨特而精美的作品，於是形成了雕塑家互相競爭的情況，並出現越來越多美麗而且原創的雕刻。在這段時期，偉大的雕塑家米高安哲羅亦受到委託，他在自己的工作室裏埋頭工作。最著名的雕塑作品包括《聖殤》和《大衞》。據說在他完成《聖殤》時，曾傳出這件作品的創作者另有他人，於是米高安哲羅便在聖母胸前的肩帶上簽名，這是唯一一件米高安哲羅願意在上面留簽名的雕塑。

貓頭鷹告訴你

米高安哲羅不僅是一位雕塑家，他還是一位偉大的畫家和建築師！他曾在佛羅倫斯的老楞佐圖書館（或稱勞倫斯圖書館）的建築設計上運用大膽的構思，例如：使用不承重的柱子、不透光的窗戶，還有類似熔岩流動而成的樓梯。

現在，就讓我們了解一下什麼是雕塑。雕塑是對某種材料進行雕琢，或者將幾種不同的材料合併在一起，使之呈現出某種形態的藝術。雕像表現的可以是物品、人物、動物或者一個抽象的概念。我們可以將雕塑分成兩類：第一種是浮雕，即在一塊平面的板上進行雕刻，並將之作為作品的背景，這種雕塑只能從正面觀賞；第二種是圓雕，即對原材料進行360度的雕琢，圓雕可以從任何角度觀賞。

雕塑可以用較柔軟的、麵糊狀的材料，例如黏土或雕塑泥，運用塑型這種手法來製作。另一種是用堅硬的材料，例如大理石或木材，運用雕刻這種手法來製作。在第二種情況下，雕塑家會將不需要的部分鑿去，直到原材料呈現出理想中的形態。

木雕

金屬雕塑

米隆的《擲鐵餅者》

　　如何能讓靜止的雕塑栩栩如生呢？雕塑家會選擇雕出最具爆發力那刻的姿態。例如，著名的《擲鐵餅者》就充滿動感了，因為它的創作者米隆，刻畫的正是運動員在拋出鐵餅前一刻，最具張力的那一定格。當然，在展示雕塑時，打在作品上的光位也是非常重要的。事實上，如果光位打得好，就能凸顯雕塑的細節或面部表情。

貓頭鷹告訴你

　　進入二十世紀，雕塑這門藝術變得更為抽象。藝術家會把奇怪的材料、路邊撿拾的物品，甚至垃圾，堆砌在一起而成為一件雕塑作品。因此，這些作品不再被定義為雕塑，而是「裝置藝術」。

建築是最「實用」的藝術，它的出現是源於保護人類免受猛獸的攻擊。今時今日，設計獨特、外形美觀的建築亦起了美化環境的作用，同時讓人們生活得更舒適。

　　從前，人類為了表達對太陽的敬畏，用石頭搭建巨型的建築物。位於英國南部地區的巨石陣就是當中的表表者。巨石陣大約建於四千五百多年前，建造者將巨大的岩石擺放成環形，每塊岩石的重量都超過五十噸（相當於四十輛汽車的重量！）。對於當時的人們來說，巨石陣就像一個能夠推測季節更替的大型日曆，並記錄了太陽運行的位置。

　　之後，人類建造了一些具有防禦功能的建築物 —— 石頭堡壘，例如至今仍能在意大利撒丁島看到的努拉格，就是當中之一。而在這些堡壘的周圍亦逐漸建起村落。

努拉格

巨石陣

在古埃及，城市都被神廟、宮殿和陵墓等建築物所佔據，而且具有標誌性。這些建築雄偉而龐大，展現出一種堅不可摧的力量。位於開羅的吉薩金字塔羣，最大的三座金字塔就是紀念碑式陵墓的典範，建於約四千五百年前。金字塔內的通道和走廊，能通向存放棺槨和木乃伊的墓穴。

貓頭鷹告訴你

公元前五世紀，雕塑家和建築師一起在雅典建造了最著名的希臘神廟 —— 巴特農神廟。在神廟內供奉着一尊巨大的雅典娜女神像，雕像高十二米，是由黃金和象牙打造而成的。

對於古羅馬人來說，建築是最有用的藝術。事實上，古羅馬建築師發展出許多重要的技術，例如：製造拱門和拱頂，這有助實現建造橋樑和河道的夢想。而橋樑和河道正是羅馬帝國國力的象徵。古羅馬人還建設了四通八達的道路系統，直到今天，你仍然能夠步行或乘車經過古羅馬遺留下來的路段，例如：亞壁古道。

古羅馬時期的劇院和露天劇場也是建築中的典範。其中最著名的要數古羅馬鬥獸場，其意大利文是Colosseo。當時為慶祝古羅馬鬥獸場的建成，舉辦了持續整整一百天的活動。期間，宰殺了五千頭猛獸。

古羅馬城市的模型

亞壁古道

羅馬式建築風格的摩德納主教座堂

哥德式風格的巴黎聖母院

公元十一世紀到十三世紀之間，歐洲興起了羅馬式風格的建築。在當時的城市，出現了最早的主教堂。教堂裏刻有闡述宗教故事的雕塑，讓不識字的民眾也能理解。1150年到1200年間，在法國出現了哥德式風格的建築，於是法國各大教堂開始改頭換面，裝上了彩色玻璃窗，顯得華麗鮮明，而高聳入雲的尖頂則表達了想要接近上帝的願望。

貓頭鷹告訴你

在十五世紀，建築師的地位出現了變化。由中世紀時僅被當作建築工頭，到後來被認定為知識分子或科學家。同時，建築師亦改變了城市的面貌，宏偉如宮殿的建築逐漸崛起，象徵着一個繁榮、和平的年代。

在十九世紀，許多新型材料，例如鐵和玻璃，第一次被應用在建築上，使建築物看起來更宏偉、更具風格。相比實用性，當時的建築師更關注建築物的美觀和風格。同時出現了一種新行業 —— 工程師。工程師會參與設計橋樑、火車站、大型商場等城市建築。

艾菲爾鐵塔是這一時代最具代表性的建築物。這座鐵塔高三百二十米，是由居斯塔夫·艾菲爾，一位出色的法國工程師設計的。參與建造艾菲爾鐵塔的人共有五十位工程師和約一百三十位工人。艾菲爾鐵塔建成後，成為了當時世界最高的建築物。但由於它外形奇特且龐大，震驚了不少保守的民眾，有人甚至要求將它拆除。不過，如今艾菲爾鐵塔已深受人們喜愛，成為了法國的標誌之一！

工程師艾菲爾研究鐵塔的模型

鐵塔興建中⋯⋯

⋯⋯高些⋯⋯

⋯⋯再高些⋯⋯

自由神像

居斯塔夫‧艾菲爾還參與興建美國自由女神像的計劃，協助解決內部結構的問題。這尊神像高93米，遙望着高樓林立的曼克頓區。曼克頓區正是現代城市的象徵。

貓頭鷹告訴你

西班牙著名建築師安東尼‧高第，是新藝術風格的代表人物。這種藝術風格流行於上世紀初。高第從自然界和植物中獲得靈感，完成了一系列獨特而富生命力的建築設計。他設計的房子有彩色的煙囪和尖頂，屋頂會讓人聯想到爬行動物鱗片狀的背脊。

你喜歡雕塑嗎？來，試試製作一件雕塑作品吧！

① 首先，你需要到美勞用品店購買雕塑泥。

② 回家後，準備一張工作桌，在桌上鋪一張報紙，以免弄髒。

③ 然後，想一想你將會製作的雕塑是什麼？人物雕像？一種水果？還是一種動物？

④ 想好後，你可以開始創作了。充分發揮你的想像力，把手中的雕塑泥搓捏成你心目中的樣子！

⑤ 完成後，把你的雕塑放在陽光下曬乾，你可以休息一下，吃個茶點。

⑥ 當雕塑乾透後，你可以給它塗上你喜歡的顏色。雕塑便完成了！

玄武岩 一種深色或黑色的火山岩,在古埃及相當常見。

工作室 藝術家進行創作的地方。

雕塑泥 一種很容易搓捏,從而塑造出物件外型的材料。由油、黏土和蠟製成。

墓穴 為先祖修建的大型豪華墳墓。有時在墓穴中還會擺放一些陪葬品,古人認為這些東西在先人死後,仍能給他使用。

拱門和拱頂 拱門是指架在兩柱之間的頂部位置,呈弧形的一種建築結構。拱頂則是由多個拱門排列組成,視覺上能製造出一種深度。

主教堂 一個地區內最重要的基督教教堂。主教堂也被稱作「Domus Dei」,即上帝的家,意大利語中的Duomo(主教堂)便由此而來。

 # 文學

　　為了溝通和表達思想，人類必須要發明文字，即用字母或其他符號來構成語言系統，彼此溝通。

　　在不同的文化中，文字基於不同的原因而得到發展。例如，在美索不達米亞，文字的發展有助於商貿往來。

　　文學是運用文字去創作的一種藝術，具有教育和娛樂的功能。如今，每個國家都有能體現不同時代的文化、傳統和習俗的文學作品。《奧德賽》、《叢林之書》、《木偶奇遇記》和《哈利波特》都是不同文化和時代下的文學經典。

　　小朋友，你想了解更多關於文學的歷史和發展嗎？
快來翻到下一頁看看吧！

雖然聽起來很荒謬，但文學並不是從一開始就用文字書寫下來的。很久以前，歷史、故事和詩歌都是由古希臘的吟遊詩人口頭傳述，並沒有運用文字記載。這些吟遊詩人必須擁有驚人的記憶力，才能記住所有故事，其次就是具備豐富的想像力，因為當他們突然忘了故事情節的時候，便要運用想像力去自由發揮。他們在講故事的時候，為了能抓住聽眾的心，通常用的都是第一人稱，還要用不同的聲音演繹不同的角色。

　　文學的題材相當廣泛，包括奇遇、科幻、偵探、童話、寓言、童謠等，非常豐富。

説説童話故事

《一千零一夜》

　　許多耳熟能詳的童話都有着悠久的歷史。童話的主角往往都很厲害，故事的結局都總是皆大歡喜的。不過，童話在最初並不是專門為孩子而設，而是當一家人在夜晚圍坐在火爐前時的一種消遣。

　　童話最初以口耳相傳的方式流傳，直到有些作家終於決定將它們寫下來。因此有了以阿拉伯為背景的《一千零一夜》、格林兄弟以及伊塔羅・卡爾維諾的童話故事。

貓頭鷹告訴你

　　童話故事與夢境有着異曲同工之處。和夢境一樣，童話故事裏沒有確切的地點和時間，而童話裏那些不可思議的事情也只可能發生在夢境呢！

童話一直都是由平民講述的，但漸漸地，童話開始在宮廷裏流行起來。有些作家因此開始重新編寫童話，在其中加入新的情節。這些童話於是就成為了真正的文學作品。

在這些作者中，最著名的是意大利人吉姆巴地斯達·巴西耳，他將50個民間童話重新編寫，並收入到《五日談》一書中；還有《鵝媽媽的故事》的作者，法國人夏爾·佩羅，以及丹麥人漢斯·克里斯汀·安徒生。一些著名的小說作者也曾致力於童話寫作，包括《木偶奇遇記》之父卡洛·科洛迪和《小飛俠》的創造者詹姆斯·巴里。

在家中寫作的安徒生

俄羅斯童話

愛斯基摩童話

北美原住民童話

童話人物　　　龍

仙女　小精靈

小矮人　　巨人

童話故事中的人物和環境，跟當地的民族文化和傳統息息相關。例如：在俄羅斯，有關沙皇的童話所設定的場景多數是荒原；愛斯基摩人的童話則多是在冰雪中發生；北美原住民的故事就總是在大草原上上演。

童話裏的英雄也各不相同。歐洲童話中的英雄通常是王子；阿拉伯國家的是阿拉伯酋長，而在中國則是朝中大臣。歐洲童話會虛構出小矮人和巨人，而中國童話則會創造出龍。直到今天，在某些作家的作品中，我們仍能讀到充滿奇幻色彩的童話。

貓頭鷹告訴你

《魔戒》的作家，英國教授托爾金被認為是奇幻文學的鼻祖。他用天馬行空的想像力創造了一個新的世界，不僅故事中的人物和環境前所未有，連他們使用的語言和曆法都是很新穎的！

和童話一樣，寓言（fable）這個詞也源自拉丁語中的「fabula」，意為故事。寓言故事通常短小精悍，結局總帶有一定的教育意義。在寓言故事裏，一般都會用動物來表現人類的善和惡。寓言故事的起源要追溯到很久很久以前，古印度的《五卷書》這本梵文作品，當中亦收錄了寓言故事。

　　兩位最著名的寓言作家伊索和費德魯斯，他們寫的寓言故事給後世的作家很多靈感。《伊索寓言》有幾篇非常著名的故事，如今已經演變成諺語。例如：「吃不到葡萄就說葡萄是酸的」（來自《狐狸與葡萄》）或者「未雨綢繆」（來自《蟬與螞蟻》）。

　　中世紀時，寓言故事蓬勃發展。例如在法國北部，《列那狐的故事》大獲成功。這是一本寓言故事集，書中的主角列那狐，是一隻狡黠又討人喜歡的狐狸。

《蟬與螞蟻》

《狐狸與葡萄》

愛麗絲夢遊仙境

其他的兒童讀物，例如：羅爾德·達爾的《查理與巧克力工廠》，還有羅拔·羅倫士·史汀的《雞皮疙瘩》系列。部分具爭議性的情節，或會因應其他國家的文化和傳統而作出修訂。在北歐國家，魔幻元素頗受歡迎，會被廣泛應用，著名例子有J.K.羅琳寫的《哈利波特》。至於拉丁國家，則喜歡科幻歷險類的題材，此類故事的知名作家計有法國的朱爾·凡爾納和意大利的薩格瑞。

貓頭鷹告訴你

天上的餡餅

童謠是一種很受兒童喜愛的文學形式。它節奏明快、帶韻律，語句不斷重複。意大利作家羅大尼就是一位童謠大師呢！

你喜歡文學嗎？來，試試自己創作一個故事吧！

1 首先，你要確定體裁。你想寫一個歷險故事？愛情故事？科幻故事？還是偵探故事？

2 故事發生在哪個年代？在現代城市？古代城堡？還是史前時期？

3 故事的主角會是一個懂魔法的孩子？一個尋寶的冒險家？還是你自己？

④ 故事會是怎樣展開？會不會由故事主角發現一張藏寶圖開始呢？

⑤ 想一想如何推動劇情發展。你需要加入一些新的角色嗎？還是有意想不到的奇遇？

⑥ 最後給故事來個精彩的結尾吧！你會創作一個愉快的結局，還是……

吟遊詩人 古希臘的詩人。「Aedo」這個詞源於希臘語，意為「歌唱」。吟遊詩人被認為是神聖的人物，可以與神靈對話。

小說 篇幅較長、情節複雜跌宕的故事。小說的體裁廣泛，有科幻類、情感類、社會類等等。

沙皇 俄國的皇帝。自從1917年俄國發生了一場重要的革命運動後，沙皇便消失於歷史舞台。

阿拉伯酋長 貝都因人的首領，憑其聲名和財富，成為部落之族長。

大臣 中國古代的官員。

梵文 印歐語系中最古老的一種語言，很多現代語言都源自梵文。

攝影

「photograph」這個詞源於兩個希臘生字:「phos」意為光,「graphis」意為書寫。因此攝影的意思是「用光來書寫」。

三百多年前,一些藝術家用原始的攝影裝置來記錄風景和城市的景觀。他們使用的工具名叫暗箱,是由一個穿孔的盒子和一面透鏡組成的。光線透過這個裝置,在背後的牆上投射出一個顛倒的,縮小了的影像。藝術家往牆上釘一張透明的紙,就可以繪製出他所看到的景象了。

小朋友,你想了解更多關於攝影的歷史和發展嗎?
快來翻到下一頁看看吧!

不過，暗箱無法永久固定圖像，鏡頭只要稍稍偏離，圖像便會消失。經過多年的探索，法國人尼塞福爾‧涅普斯發現了一種特殊的感光材料。1826年，他將一片塗有瀝青的金屬片插入暗箱內，讓裝置持續幾小時瞄準同一個對象。過了差不多十個小時，陽光在金屬片上「寫」下了圖像。於是照片便誕生了。

幾年後，路易‧雅克‧達蓋爾用銀色的銅片替代了之前的金屬片，銅片能在短短五至六分鐘的曝光後記錄影像。這種被稱作銀版攝影法的技術所呈現的影像與實物是左右相反的，就像照鏡子一樣。

銀版攝影法

涅普斯的實驗

塗有瀝青的金屬片

沖印照片的黑房

請關門

直到底片的出現，銀版攝影法才得到了改進。有了底片後，同一幅影像就能有多個備份。十九世紀末，菲林面世，促進了攝影的發展和普及。人們拍下照片後，便會在黑房把它沖印出來。黑房只使用紅色燈光來照明，因為這種燈光不會損壞底片。

貓頭鷹告訴你

最初的照片只有黑色和白色。第一張彩色照片，是由物理學家詹姆斯·馬克士威在1861年拍攝的。照片的影像是一個用蘇格蘭格子布打的結。

記憶卡

　　近年來，照相機變得越來越輕便、小巧，如今更是發展出數碼照相機。這種新型的設備能夠自動調節光線和顏色，而且不再需要菲林，因為它將照片記錄在一張能夠儲存許多圖像的小卡片或磁片裏，就是記憶卡。用數碼相機拍攝的照片能夠立即在屏幕上查看，並能隨時傳送。

　　有了數碼拍攝技術，即使你不是一個專業攝影師，也不用擔心。你可以在電腦修正圖像，作後期加工，例如去除瑕疵、紅眼，或剪裁出照片的某部分。

　　快試試拍幾張照片，你會發現非常有趣！

打印照片也是一件非常簡單的事。

只要有相紙和一台連着電腦的彩色打印機,你的照片很快便可以打印出來!

現今的攝影記者,在採訪時多使用數碼照相機。因為數碼相機可以快速拍攝照片,而且能第一時間將照片發送給報社。

咔嚓!

貓頭鷹告訴你

你知道寶麗來即影即有相機嗎?它能在短短幾秒內拍攝照片,並沖灑出來。

攝影被稱作「記憶的鏡子」，是因為它能保存美好的時刻，例如一次生日會或一趟旅行的片段。同時，攝影亦是記錄事實的最佳方法。記者就是靠拍攝來報導歷史事件或新聞，例如總統選舉、示威遊行，甚至是一場戰爭等。攝影師的角色相當重要，因為報導成功與否，在於攝影師能否拍下最具意義的那一瞬間，將事實呈現出來，讓觀眾有恍如置身其中的感覺。

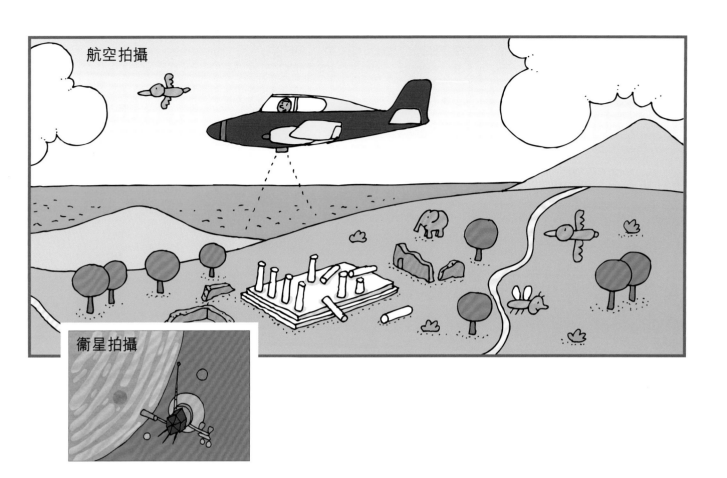

航空拍攝

衛星拍攝

　　攝影對於科學研究非常有用，例如：航空拍攝就能幫助發掘考古遺跡或勘探適合耕種的土地。有些特別的攝影器材，可以安裝在圍繞地球軌道運行的航天儀器上。攝影還被用來預測天氣以及研究海洋污染情況。有些性能相當高的器材，甚至可以拍攝到行星和恆星！

貓頭鷹告訴你

　　有一種很特別、很厲害的儀器，它的鏡頭能夠放大我們肉眼看不到的東西，例如微生物，那就是顯微鏡。

除了拍下真實寫照，攝影也可以是一門藝術。在攝影師的鏡頭下，人或物都可以帶有情感。攝影師的視角、運用的光線、畫面、拍攝角度、變焦等，對拍攝效果都是非常重要的。

攝影就是「用光來書寫」，顧名思義，光線對於攝影是不可缺少的要素。它將我們在鏡頭裏看到的景象記錄在菲林上。除此之外，光線還會影響光影的構成，有時攝影師也會利用光線製造一些特別的效果，例如逆光拍攝。

逆光拍攝

風景照　　　特寫　　　黑白照

　　與拍攝電影一樣，攝影中也分遠景和近景：遠景指的是將環境和景物都一併收入鏡頭，而近景則用來表現主體景物，多作大特寫。人像攝影有多種功能，例如證件相是用來識別人的樣貌，因此面部輪廓需要清晰，而在風景照片中，取景和光源都必須以突出拍攝的景物為主。

貓頭鷹告訴你

　　法例規定，在未得到拍攝對象的允許下，禁止傳播包含其肖像的照片。除非是公眾人物，他們在一場活動（例如體育頒獎禮上）被拍攝到的肖像，一般可以對外發放，但不能作非法用途。

你喜歡攝影嗎？來，試試當一次攝影師吧！

① 首先，你可以向爸爸借一架照相機。

② 請爸爸媽媽帶你到公園走走，選擇你想拍攝的物件。

③ 選擇一個最佳的拍攝角度，按下快門……咔嚓！

④ 回家把照片輸入電腦。你可以用電腦軟件做些修正。

⑤ 你可以用家中的打印機打印照片，或把照片檔案拿到沖曬店沖印出來。

⑥ 最後你可以把照片掛在房間裏，或帶到學校給好朋友欣賞！

鏡頭 由一塊或多塊固定在鏡框上的光學玻璃組成的透鏡組，一般是由凹透鏡和凸透鏡組成。

底片 跟被拍攝對象完全相反的攝影圖像。使用底片可以沖印出正像，即照片。

菲林 傳統相機使用的一種膠片，能夠記錄並保存被照相機鏡頭採集的圖像。

畫面 被攝入鏡頭內的景物或對象。

拍攝角度 攝影師選擇拍攝一個場景的角度。

變焦 調整鏡頭與拍攝對象之間的距離，放大或縮小。攝錄機、雙筒望遠鏡和天文望遠鏡都會使用到變焦鏡頭。

 # 電影

電影或許是最受歡迎的藝術，因為它娛樂性豐富，而且老少咸宜。電影同時亦兼具文學、戲劇和音樂的特性。

在電影誕生之前，人們試過很多投影圖像的方法。例如，中國的皮影戲很早已經出現，是一種民間藝術。利用燈光把用獸皮或紙板做成的人或物的剪影，投射在白色的布幕上，透過影子來說故事，觀眾就像看戲劇一樣。

小朋友，你想了解更多關於電影的歷史和發展嗎？
快來翻到下一頁看看吧！

在十八世紀，出現了一種名為「新世界」的放映裝置。這是一個高高的盒子，內部用蠟燭照明，可以看到影像在其中。當時，每逢節慶便會有人推着這種裝置穿街走巷，讓更多的人有機會觀看不同的節目，其中包括一些重要的歷史事件，如法國大革命。因此，這種裝置類似今天的電視新聞。

同一時期，還新興了幻燈機，它能將圖像投影到白牆上。幻燈片主要播放講述《聖經》的故事，傳教與娛樂功能兼備。後來有了攝影技術，人們便想到如果可以讓數張照片，從鏡頭前逐一擦過，就應該可以製造出動畫效果來，也就成為電影的始祖。

幻燈機

新世界 —— 一種放映裝置

　　1895年12月28日，在巴黎的一間
咖啡館裏，盧米埃兄弟向公眾介紹由他們發明的「電影播
放機」，一台能夠在白色的熒幕上投影出一連串照片的裝置，用它能製
造出動畫的效果。在他們製作的最初幾部短片中，有一齣拍攝了火車
進站時的場景。畫面的逼真程度讓觀眾都以為熒幕上的火車會把他們
撞倒，驚恐地想逃走。就這樣，真正的電影誕生了！

貓頭鷹告訴你

　　1824年，一種有趣的玩意出現
了。它是一個由卡紙製成的雙面圓盤，
兩邊各繫上一條繩子。圓盤的兩面都繪
有圖案。當人們拉緊兩邊繩子，然後快
速轉動圓盤的時候，圖案互相重疊，製
造出如動畫的效果。

最初，電影是由一連串沒有故事情節的圖像組成的，因此放映廳中會有一位導賞員講解故事情節。幾年後，無聲電影開始流行，放映時會有音樂家在現場配樂。無聲電影非常成功，吸引了一批年輕導演實行創業的夢想。上世紀初，這羣年輕人多聚集在美國加州的洛杉磯，落地生根，發展事業。因而建立了最著名的幾家電影製作公司，包括環球和美高梅，培育了不少成為巨星的演員，變成「電影之城」之稱的荷李活，也開始成為年輕人追尋夢想的地方。

無聲電影

正在工作的配音員

1927年，債台高築的華納兄弟影業公司決定背水一戰，在電影中加入革命性新元素 —— 聲音。第一部有聲電影就此產生。有聲電影獲得空前成功，其他電影製作公司都相繼採用這種新技術。之後，再出現了配音技術，由幕後工作人員用聲音演繹電影或卡通片中的角色，他們就是配音員。那時的電影仍然是黑白的，到了很後期才出現彩色電影。

貓頭鷹告訴你

在有聲電影出現之前，華納兄弟影業公司於1926年推出過一部有聲音、無對白的電影《唐璜與盧克雷齊亞·波吉亞》。觀眾第一次在電影裏聽到刀劍的碰撞聲和雨聲。

接下來的歲月中，出現了各種類型的電影，包括：歷險記、偵探片、喜劇、犯罪電影、音樂劇和西部片。近年來，奇幻電影亦大獲成功，從最初由佐治‧魯卡斯執導的《星球大戰》，到後來著名魔幻故事《魔戒》和《哈利波特》等，都在世界各地俘虜了一批影迷。製作這種類型的電影需要一組約一百人的攝製隊，當中包括：監製、編劇、導演、助導、美術指導、化妝師、燈光師、特技替身等。除此之外，還需要為數不少的拍攝器材和巨額投資。

向製作人介紹電影

選角

　　然後，劇組人員還需構思電影主題和故事情節的發展。如果電影製作公司對主題感興趣，便可製作最終的電影劇本。電影劇本必須包括場景的劃分、布景設計、對白、人物的動作和性格特點，一切有助導演完成拍攝的內容也要安排好。當劇本審批後，便要進行選角，就是選出適合的演員。一切準備就緒以後，便可開拍。

貓頭鷹告訴你

　　在上世紀五、六十年代的美國，「drive-in」這種觀看電影的方式非常流行。那是一種人們開車來到廣場上，坐在車裏觀看廣場上露天放映的電影。

在電影製作中，攝影起着非常重要的作用。在每一個場景裏，導演都要決定如何取景才能突出重點。例如，將鏡頭對準演員的面部，我們就會注意到他說的話或他的情緒；而在一場戰爭場景中，採用一個士兵的視角，則會讓觀眾感同身受。

電影拍攝完畢，便進入剪接階段。剪接是很重要的步驟，被視作電影的靈魂。導演需要決定將哪些鏡頭剪輯在一個片段裏，以讓故事表達得更好。有時甚至會被刪剪得體無完膚，與原來的劇本可以完全不同！

另一方面，在不同的場景中加入合適的配樂，能起畫龍點睛之效。這就組成了原聲帶，用音樂來幫助講述電影裏故事。這些年來，出現過很多優秀的電影配樂，獲獎無數，為電影增添不少光芒。

影音店

電影原聲帶

剪接

　　最著名的電影頒獎禮非奧斯
卡莫屬，它的獎盃是一尊小金人。奧斯
卡這個名稱的由來，一直眾說紛紜。其中一個傳聞是一位學院秘
書小姐，看到小金人時驚呼說：「他真像我的叔叔奧斯卡啊！」
　　每年，由專家組成的評委會評出最佳電影、最佳演員等重大獎
項。在奧斯卡頒獎禮開始前，演員和導演都會穿上隆重的禮服出席紅
地毯儀式，並聚集了不少海內外傳媒爭相採訪。

貓頭鷹告訴你

　　特技是電影的一個重要部分。隨著數碼圖片製作技術的出現，特技效果也日臻完善。你能想像沒有特技的《變形金剛》或《蜘蛛俠》會是什麼樣子嗎？

你喜歡電影嗎？來，試試舉辦一次奧斯卡之夜吧！

1 首先，選出你最喜歡的幾齣電影。

2 然後，創作一幅海報，寫下電影的資訊，以及你和朋友一起觀看電影的時間、地點。

3 準備你喜愛的小食，例如爆谷、漢堡包、果仁和其他美味的小食……

④ 邀請朋友來你家中的小小電影角，邊吃小食邊看電影。

⑤ 看完電影後，可以來個小小的研討會，互相交流，盡情發表意見。

⑥ 最後，投票選出奧斯卡最佳電影。

投影 利用投影機,把影像投射到熒幕上。

短片 一般不超過30分鐘的電影,但電影界並沒有對長度設下明確規定。

電影製作公司 也被稱作「電影工作室」,是一個投資並拍攝電影的機構。

犯罪電影 通常涉及暴力成分,兒童不宜觀看。

魔幻故事 具幻想成分的故事,通常包含冒險、魔法等元素。

特技替身 在拍攝過程中,當一位演員不能完成一些高難度或危險的動作時,代替他完成動作的演員。